TSUKUBASHOBO-BOOKLET

暮らしのなかの食と農――㊺

教育ファーム

井上和衛
Inoue Kazue

筑波書房ブックレット

目 次

はじめに …………………………………………………………… 5
Ⅰ 教育ファームとは ……………………………………………… 7
  1 教育ファームの語源 ………………………………………… 7
  2 教育ファームの定義 ………………………………………… 9
    (1) フランス……9
    (2) ㈳中央酪農会議・酪農教育ファーム推進委員会……10
    (3) 農水省消費安全局長通知……11
  3 フランスの教育ファームに学ぶ …………………………… 12
    (1) タイプ別教育ファームの設置状況……12
    (2) 運営主体別教育ファームの設立・運営目的……15
    (3) 教育ファームの授業及び利用状況……17
    (4) 農家型教育ファームのメリット……19
    (5) 教育ファームの推進体制……20
    (6) 教育ファームに関する規制……21
Ⅱ 教育ファームの展開状況 …………………………………… 23
  1 酪農教育ファームの取組状況 ……………………………… 23
    (1) 酪農教育ファーム認証牧場数の推移……23
    (2) 酪農教育ファームの運営主体及び活動目的……24
    (3) 酪農教育ファームの利用状況……26
    (4) 酪農教育ファームの体験種目及び利用料金……27
  2 酪農教育ファームの取組事例 ……………………………… 28
    (1)「農家」型事例……28
    (2)「第三セクター・経営多角化」型事例……34
    (3)「自治体・観光」型事例……36
    (4)「自治体・公共サービス」型事例……39

(5)「農協・公共サービス」型事例……40
　　3　類型別酪農教育ファームの検討 …………………………………… 45
　　　(1)「観光ビジネス型」……45
　　　(2)「経営多角型」……46
　　　(3)「ボランティア型」……46

Ⅲ　教育ファームの展開方向 ………………………………………………… 47
　　1　農林漁業体験活動と教育ファーム ………………………………… 47
　　　(1)　農林漁業体験活動の現状……48
　　　(2)　農林漁業体験ビジネスと教育ファーム……50
　　2　教育ファームの類型別展開 ………………………………………… 53
　　　(1)　非営利・公共サービス型教育ファーム……53
　　　(2)　農家型教育ファーム……54
　　　(3)　コミュニティ・ビジネスへの位置づけ……57
　　3　教育ファームの推進課題 …………………………………………… 58
　　　(1)　教育ファームに関する定義、コンセプトの確立……59
　　　(2)　教育ファームネットワーク組織の確立……59
　　　(3)　教育ファーム事業の複合化……61
　　　(4)　教育ファーム普及推進地域支援体制の構築……61

はじめに

　今日、我が国では、農業生産の停滞・衰退、農業構造の劣弱化（担い手の高齢化・後継者欠如、耕作放棄地の増大）、中山間地域等の荒廃化（限界集落の広がり）、異常な食料自給率の低下等々、農業・農村の深刻な危機的状況の深まりから、農産物の輸入自由化、農業保護措置の削減・撤廃の方向を目指すWTO体制下の新自由主義・市場原理主義に基づく「農政改革」からの脱却、国民本位の農政転換が求められています。そうした動きは政府やその他の各種世論調査の結果に表れています。すなわち、国民の圧倒的多数は、「食料自給率の向上」「安全・安心な国産食料の確保」を強く望み、また、農村地域の荒廃を憂え、農業の多面的機能の回復（国土保全や自然環境・田園景観の維持、伝統文化の継承等）を求めています。

　そうした状況の下で、都市住民（消費者）の間では、「食」の安全・安心をめぐる不安、自然とのふれあいの希薄化、大量生産・大量消費に基づく生活の画一化、ストレスの増大等々の事態の広がりから「新鮮・安全・割安な農産物」「肉体的精神的リフレッシュ」「緑豊かな自然環境」「美しい農村景観」「個性的な地域伝統文化」「自然体験」「農業体験」等々への関心が高まり、産直・直売、農業体験や各種イベントへの参加者が増え、多様な都市農村交流やグリーン・ツーリズムが広がっています。一方、農山村地域では、様々な困難を抱えながらも、地域の農業再生、活性化をめざし、都市住民（消費者）ニーズに即し

た安全・安心な農産物づくり、産直・直売、農業体験、農家レストラン、宿泊滞在ビジネス（公的施設及び民宿等）、小中学生体験学習・教育旅行受入等々、地域農業の再構築、新しいビジネスおこしに取り組んでいます。そうした取組は、それぞれの地域資源の活用に基づく多様な形で展開していますが、その取組に共通するキーワードは「食」「健康」「余暇」「教育」となっています。

近年、教育関係者の間では、自然環境教育及び生活技術教育の観点から農林漁業体験学習及び農山漁村生活体験学習への評価が高まり、2008年度からは、「子ども農山漁村交流プロジェクト」（農水省・文科省・総務省連携事業）が始まり、同プロジェクトでは、5年後には、全国の公立小学校約2万3千校、1学年約120万人の子どもたちが1週間程度の宿泊を伴う体験を行うことを目標としています。そうした中で、"教育ファーム"への関心が高まっています。しかし、我が国の"教育ファーム"の取組は始まってから日が浅く、"教育ファーム"に関心を持つ関係者の間で、誰もが認める"教育ファーム"の定義、コンセプトは、まだ、定着しているとはいえない状態です。

そこで、本書では、まず、"教育ファーム"の定義がすでに確立し、先進的な活動を展開しているフランスの"教育ファーム"に学び、ついで、我が国で始まった"教育ファーム"の取組事例を紹介し、農山漁村の地域活性化の観点から、これからの我が国における"教育ファーム"の展開方向を探ってみたいと思います。

I 教育ファームとは

1 教育ファームの語源

　我が国で「教育ファーム」という用語が文献上で登場したのは、1997年、フランスの農村事情に詳しい大島順子氏が、㈳農村生活総合研究センター「平成8年度農村地域振興事業実態調査報告」（1997年3月）の第3章-2でフランスの「教育ファーム」事情を日本に紹介するに当たり、フランス語のフェルム・ペダゴジック（ferme pédagogique）を「教育ファーム」と訳出したのが最初だったと思われます。

　筆者が大島氏本人から直接聞いたところによると、大島氏は、「フランス語のフェルム（ferme）及びペダゴジック（pédagogique）は、英語ではファーム（farm）及びペダゴジカル（pédagogical）」であり、フェルム・ペダゴジック（ferme pédagogique）の訳出に当たり、フランスの「教育ファーム」には、農業経営を事業目的としていない公共事業体等の運営する「モデル型」[1]と農業経営を事業目的とする農家等の運営する「農家型」[2]があるので、「『農家』と訳すのは適当ではないので、『農場』としたいと思ったのですが、『教育農場』とか『学習農場』という言葉は耳ざわりがよくないと思い、英語の『フ

---

(1)(2)「モデル型」及び「農家型」：後述のⅠ-3（1）を参照されたし。

ァーム』で逃げることにしました」といっています。

　なお、大島氏は、「『pédagogique（教育的な）』は『教育学（pédagogie）』と同じファミリーの形容詞です。英語の educational に相当する形容詞はフランス語にも存在し、それは educatif ですが、pédagogique（ギリシャ語から派生）が子どもに対する教育に特定する単語であるのに対して、educatif（ラテン語から派生）はより広い意味での『教育』に用いることができます。『ferme éducative（教育ファーム）』と呼ぶこともできるわけで、実際そう名乗っている教育ファームもあります。しかし、フランスの農水省が総称して『ferme pédagogique』を使ったのは、『教育学的な手法を使って、子どもに対して授業を行う』ファームであるというニュアンスを出したかったのではないでしょうか。しかし、英語の teaching や educational よりも堅苦しい専門用語です。そのため、フランスの教育ファームではどこでも地名や農場の特徴からファームの名前を作っていて、それを前面に出しています。教育ファームを利用した子どもたちは『ferme pédagogique に行った』などとは言わずに、『○○ファームに行った』という言い方をしていると思います」と述べています。

　大島氏によってフランスの教育ファームが紹介された後、1998年に㈳中央酪農会議が酪農教育ファーム推進委員会を設置し、酪農教育ファームの普及推進に向けた取組を開始しました。そして、翌年（1999年3月）、酪農教育ファーム推進委員会監修で大島順子氏の著書『いのち、ひとみ、かがやく　フランスの教育ファーム』（日本教育新聞社）が刊行されました。最近のフランス教育ファーム事情については、大島氏が執筆した『フランスの教育ファームに学ぶ～その理念と活動～』（㈶都市農山漁村交流活性化機構、2009年1月）に詳しく紹介されています。

とにかく、酪農教育ファームの取組が始まり、全国的な小中学生等の農業体験学習や農山漁村への教育旅行等が広がる中で、我が国でも、「教育ファーム」は用語として使われるようになりました。ただし、その場合、用語としての「教育ファーム」は、大島氏がフランス語のフェルム・ペダゴジック（ferme pédagogique）から訳出した「教育ファーム」の定義やコンセプトと関わりなく使われ、一人歩きするようになったものと思われます。

　そうした状況の下で、農水省が、食育の観点から「教育ファーム」を取り上げ、2006年、フランスの「教育ファーム」や酪農教育ファーム推進委員会の「酪農教育ファーム」と本質的に異なる「教育ファーム」に関する定義をおこなったので、現在、用語としての「教育ファーム」の使用上の混乱が生じています（農水省消費安全局長通知「教育ファーム推進計画の策定について」平成18年4月12日付け省安第163号）。そこで、以下、フランスの「教育ファーム」、酪農教育ファーム推進委員会の「酪農教育ファーム」、農水省消費安全局長通知の「教育ファーム」について、あらかじめ、それぞれの定義を簡単に紹介しておきます。

2　教育ファームの定義

(1) フランス

　フランスの教育ファーム関係政府機関担当者（文部省、農水省、国土整備・環境省、青年スポーツ省、法務省）で構成する省間委員会は、「教育ファーム」について、「教育ファームとは、青少年を学校教育ないし校外活動の枠内で定期的に受け入れ、その活動の発展を願っている家畜や耕作を提示する施設である」と定義しています（省間委員会

2001年4月5日付通達)。すなわち、フランスでは、「家畜や耕作（あるいは両方）を提示する施設であること」「子どもや若者を、学校教育ないし校外活動の枠内で受け入れていること」「教育を目的とした活動であること」「何らかの問題を抱えた人々が社会に溶け込むようすることも使命としていること」「受け入れは単発ではなく、頻繁におこなっており、その発展を願っているファームであること」が「教育ファーム」の条件となっています（大島順子・井上和衛著『フランスの教育ファームに学ぶ～その理念と活動～』㈶都市農山漁村交流活性化機構、2009年1月、7頁及び130頁参照）。

(2) ㈳中央酪農会議・酪農教育ファーム推進委員会

　㈳中央酪農会議・酪農教育ファーム推進委員会は酪農教育ファームとして認証する牧場を以下のように定義しています（「酪農教育ファーム認証規程（平成20年度改訂）」平成20年4月参照）。

①酪農教育ファーム認証牧場（以下、「認証牧場」という）とは、それぞれの牧場が持つ多様な資源を活用して、酪農教育ファームファシリテーター（以下、「ファシリテーター」という）が、酪農教育ファーム活動[3]を行う牧場であって、本規程により認証された牧場をいう。

②酪農教育ファームファシリテーターとは、本会議が別に定める規程により認証を受けた者であって、酪農教育ファーム活動を行う者をいう。

---

(3) 酪農教育ファーム活動：「酪農教育ファームファシリテーターが、牧場や学校等で、主に学校や教育現場等と連携して行う、酪農に係わる作業等を通じた教育活動」である。

(3) 農水省消費安全局長通知

　農水省消費安全局長通知「教育ファーム推進計画の策定について」（平成 18 年 4 月 12 日付け省安第 163 号）による「教育ファーム」の定義は以下の通りです。

　「本通知で言う『教育ファーム』とは、自然の恩恵や食に関わる人々の様々な活動への理解を深めること等を目的として、<u>農林漁業者などが一連の農作業等の体験を提供する取組</u>をいいます。なお、一連の農作業等の体験とは、農林漁業者など実際に業を営んでいる者による指導を受けて、同一人物が同一作物について 2 つ以上の作業を年間 2 日以上の期間を行うものとします。対象作物としては、米、野菜、果実、畜産物、魚介類、きのこなどとなりますが、これらの作物を併せて、情操教育の観点より花きも推奨します」（教育ファーム推進研究会『教育ファーム推進のための方策について最終報告書』農水省消費・安全局、平成 19 年 11 月参照、下線は筆者）。

　以上、「教育ファーム」の定義について、フランスの教育ファーム関係政府機関・省間委員会及び㈳中央酪農会議・酪農教育ファーム推進委員会の定義、そして、農水省消費安全局長通知の定義を取り上げてみましたが、農水省消費安全局長通知の定義は、フランス省間委員会及び酪農教育ファーム推進委員会の定義とは本質的に異なったものとなっています。

　すなわち、フランス省間委員会の定義では、「酪農教育ファーム」とは、「教育を目的として人々を受け入れ、農業や環境問題に親しませる授業を行う<u>農場</u>」「家畜や耕作（あるいは両方）を提示する<u>施設</u>」、また、酪農教育ファーム推進委員会の定義では、「酪農教育ファーム活動を行う<u>牧場</u>」で、両者とも「教育ファーム」とは、農業体験学習

等の受入場所であることが定義の要件となっていますが、ところが、農水省消費安全局長通知の定義では、農場や牧場など、体験学習の受入場所を示すものではなく、「農林漁業者などが一連の農作業等の体験を提供する取組」であり、いいかえれば、農作業等の体験提供行為を「教育ファーム」であるとしています。

英語のファーム（farm）は、農場、農園であり、本来、行為を示す単語ではなく、実在を示す単語ですから、ここでは、フランス省間委員会及び酪農教育ファーム推進委員会の定義に従って、以下、「教育ファーム」とは、体験学習等の受入場所として捉え、一応、「農作業体験学習等の受入農場（農家）又は農業関連事業体」であるとし、以後、用語としての「教育ファーム」はカギカッコを外して使用することにします。

3 フランスの教育ファームに学ぶ

そこで、次に、実際の教育ファームは、具体的に、どのような形で存在しているか、その実体をみておくことにしますが、ここでは、フランスの教育ファームの具体的な実体については、大島順子氏の報告[4]から要点をまとめておきます。

(1) タイプ別教育ファームの設置状況

フランスの教育ファームには、「教育のために設立された農場」と「農業生産のために存在する農場」とがあり、省間委員会の前掲通達は、

---

(4) 詳しくは、前掲『フランスの教育ファームに学ぶ～その理念と活動～』参照。

前者を「モデル農場型ファーム」、後者を「農家型ファーム」と名付け、教育ファームのタイプ分けを行い、両者について、以下のごとく説明を加えています。

・モデル農場型ファーム：
　「モデル農場型ファームとは、販売される農業生産物がごく少ないか皆無の都市部ないし都市近郊部のファームである。特に子どもの受け入れのために設立されたが、その対象の多様化が進んでいる。この施設では多品種の家畜を所有しており、そうした環境における農場見学によって都市と農村の関係が理解しやすくなる」

・農家型ファーム：
　「農家型ファームでは生産を第一の機能としており、学校教育内外の枠内で定期的に子ども、若者、成人を受け入れる。子どもや成人は、家畜や耕作を通して、土壌の仕事と消費者に至る生産過程を知ることができる。これによって農村における実践者は活動を多様化し、農業の多機能化に関与することができる」

　フランスで第一号の教育ファームが誕生したのは1974年で、それはリール市が設立したモデル農場型ファームでした。モデル農場型ファームは、主に地方自治体が都市部又は都市近郊に設立したこともあって、英語ではシティー・ファームとよばれてきました。フランスの教育ファームは、誕生してからしばらくはモデル農場型が主流でしたが、1980年代末からは、ビジネスとして教育ファームを始める農家が増加し、90年代半ばにはモデル農場型と農家型の数が半々となりました。

フランス農水省の教育ファームに関する統計では、教育ファームの総収入に占める農業生産による収入割合でタイプ分けし、農業生産収入割合が60％以上を「農家型」、40％未満を「モデル農場型」とし、そして、40％以上60％未満を「中間型」としています。2003年現在、フランス農水省が存在を把握している教育ファーム数は約1,400で、タイプ別割合は、農家型67％、モデル農場型27％、中間型6％であり、農家型タイプが全体の7割を占めています。
　教育ファームの運営者は、①地方自治体（市町村ないし市町村連合）、②非営利目的法人（市町村の第3セクター的な役割を果たすNPOなど）、③個人（主に農家）の三つに分類することができます。タイプ別にみると、教育ファームの運営者は、モデル農場型及び中間型の場合は主として地方自治体又は非営利目的法人であり、農家型の場合は主に農家個人又は農家グループです。フランス農水省の上記調査結果に基づく教育ファーム運営者の法的身分による分類では、2003年現在、「農業経営」68％、「非営利目的法人」18％、「その他の形態」14％となっています。なお、フランスの場合、イチゴの摘み取りや果物のもぎ取り等のいわゆる観光農園は教育ファームには含めていない点に注目しておく必要があります。
　教育ファームの農場面積は、農家型が平均41ha、モデル農場型が平均8haで、農家型の方が広いが、農家型の平均農場面積はフランスの農業経営の平均農地面積にほぼ等しい、しかし教育ファームとしての設備に関していえば、教育ファームの運営が副業である農家型は教育が主目的のモデル農場型や中間型に比べ劣っている場合が多いと、大島氏は指摘しています。

(2) 運営主体別教育ファームの設立・運営目的

　教育ファームの運営主体には、地方自治体、非営利目的法人（NPO）、農家個人及び農家グループがみられ、運営主体別の教育ファーム設立・運営目的は以下の通りです。

・地方自治体：

　地方自治体（直営又は指定管理委託）のモデル農場型又は中間型教育ファームの場合、設立・運営ないし支援目的は以下の通り。

① 地域での教育事業。
② 青少年のための事業（学校教育、余暇活動、非行防止手段など）。
③ 地域住民に週末を楽しめる場を与える。
④ 障害者のための社会福祉事業。
⑤ 離農する農家の農場を保存し、都市化によって消えゆく地域の農業を後世に伝える。
⑥ 人々に出会いの場を与える。異なった世代、異なった階級での友好関係を築く。
⑦ 都市と農村の人々の間の溝をなくす。
⑧ 空き地の利用、自然環境の管理、町を美しくする。
⑨ 既存の公園を教育ファームとして活性化する。
⑩ 市町村のイメージを高める（活気がある、環境保護に熱心など）。
⑪ 雇用の創出。
⑫ 農村部の教育ファームの場合、観光客の数を増やし、過疎化を防ぐ。

・非営利目的法人（NPO）：

　非営利目的法人（NPO）のモデル農場型又は中間型教育ファームの場合、設立・運営目的は以下の通り。

①農業を通して環境問題を考え直す。
②自然に関係した組織が活動を広げる。
③園芸や家畜飼育の喜びを分かち合う。
④青少年のための事業、社会福祉事業。

・農家：
　農家及び農家グループの農家型教育ファームの場合、設立・運営目的は以下の通り。
①農業経営の多角化。
②ツーリズム活動（宿泊施設、レストラン、直売など）。
③食品がどのように作られるのかを教えたい。
④人との出会い。

　要するに、運営主体別にみると、地方自治体の場合は教育、社会福祉、地域環境整備・住民サービス、地域振興等々に関わる公益事業を実施するためにモデル農場型又は中間型教育ファームの設立・運営に当たり、また、非営利目的法人（NPO）の場合は当該NPOが取り上げる自然環境・教育・社会福祉等々の問題に関わる事業の実践のためにモデル農場型又は中間型教育ファームの設立・運営に当たっています。そして、農家及び農家グループについていえば、「食品がどのように作られるのかを教えたい」といったボランティア的な要素が多分に含まれるが、主要な教育ファーム設立・運営目的は、「農業経営の多角化」「ツーリズム活動（宿泊施設、レストラン、直売など）」であり、農家及び農家グループのサイドビジネス（副業）であるとみられます。
　なお、教育ファーム省間委員会の通達では、教育ファームの目的と

して、「変化に富んだ教育アプローチを提案する」「農業経済の手ほどきをする」「町と農村の関係を把握させる」「地域の発展に貢献する」「個人に責任感を持たせる」の五つをあげ、教育ファームは複数の目的を持つべきだとしています。

(3) 教育ファームの授業及び利用状況

大島氏は、教育ファームで学べることは、「学習（農業、環境問題、食品・味覚・健康、全教科の学習）」「伝承（農村文化、伝統、景観）」「交流（都市と農村、社会生活、自然や動物との触れ合い）」「癒し（障害者のセラピー、社会不適合の改善、道徳）」「レクリエーション（農村での楽しみ、スポーツ・ゲーム・音楽など）」（図Ⅰ-1参照）であるとしたうえで、教育ファームでの授業は、「ファームの見学（農場を観察する、危険のない家畜に触れる、説明を聞く、質問する）」「体験学習（農作業を体験する、食品加工を体験する）」「テーマ学習（農家の生活・仕事、家畜の餌・繁殖、農産加工、四季と農場、農作物と地質・水の役割、農村の環境変化等々のテーマを設定して学習）」の三本柱が基本となっていると指摘しています。

そして、モデル農場型教育ファームでの授業は専門指導員が担当し、また、農家型教育ファームの場合は、教育指導関連の研修を修めた者が授業を担当しています。学校の授業として教師が引率してくる団体でも、教師は脇役にまわっています。しかし、授業内容は事前に引率教師と教育ファーム責任者が相談して決めることになっています。

教育ファームの授業は、単に農業や環境に関わる授業だけでなく、当該授業に国語、算数、理科、社会、体育、音楽、図工など、全教科と結びつけた授業ができるように工夫されています。

教育ファームの利用者は、学校（幼稚園、小学校、中学校、高校）、

図Ⅰ-1　フランスの教育ファームで学べること

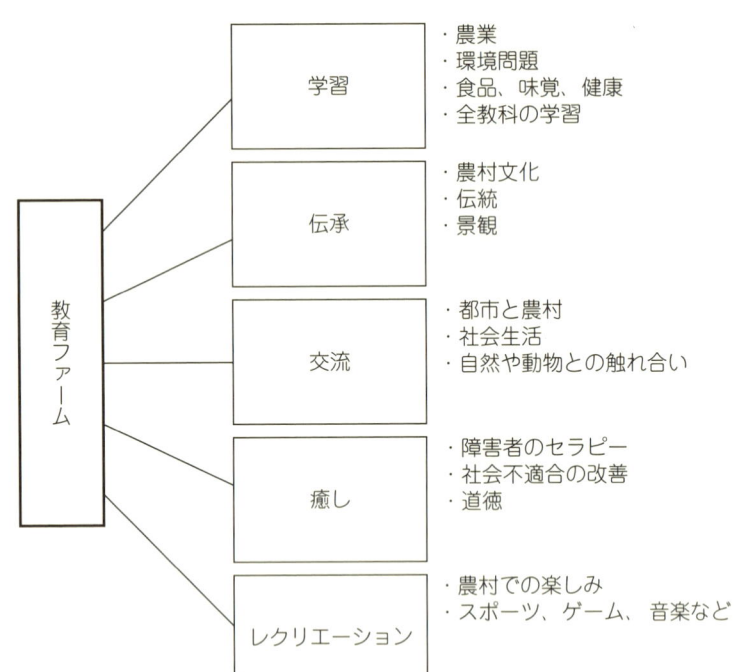

（注）大島順子他『フランスの教育ファームに学ぶ〜その理念と活動〜』㈶都市農山漁村交流活性化機構、17頁、大島氏作図より加工引用。

子育て支援事業関連組織（子ども余暇センターなど）、社会福祉事業関連組織（障害者、非行青少年、高齢者など）、ツーリストや地域住民（未成年者から大人まで）で、利用方法には、日帰り訪問（半日、1日）、滞在、数回の訪問、定期的又はシーズン毎の訪問がみられます。

　フランス農水省の推定によると、教育ファーム年間利用者総数は約330万人（2002年）で、タイプ別1教育ファーム当たり年間利用者数は、農家型1,520人、モデル農場型4,240人、中間型3,400人といっ

表Ⅰ-1　フランスの1教育ファーム当たり年間利用者数（2002年）

タイプ別	利用者数（人）	児童団体の利用割合（％）	一般利用客の利用割合（％）
農家型	1,520	56	44
中間型	3,400	49	51
モデル農場型	4,240	50	50

（注）前掲『フランスの教育ファームに学ぶ～その理念と活動～』24頁、大島順子氏作図より加工引用。

た状況です。利用者の4分の3は未成年者で、最も多いのは4～12歳の幼稚園・小学校の幼児・児童ですが、最近、障害者や非行青少年等のための福祉センターの訪問希望が増加しており、身障者等の受入はモデル農場型及び中間型教育ファームが積極的に取り組んでいるようです（表Ⅰ-1参照）。

(4) 農家型教育ファームのメリット

　農家の副業的ビジネスとしての教育ファームの取組は、グリーン・ツーリズム活動の一つであり、教育ファームの経営に当たっては、関連法的規制をクリアしなければならず、また、学校のカリキュラムの勉強もしなければならないといった難しさ、煩わしさが加わりますが、農家型教育ファームの経営には、「少ない投資額で活動を開始できる」「ツーリズム事業のトライアルに適している」「他のツーリズム活動（滞在宿泊、レストラン、直売など）と同時に行うと大きな収入に結びつく」「安定したビジネスである」「農作業と両立しやすい」「農業者としての満足感が得られる」といったメリットがあると、大島氏は指摘しています。

(5) 教育ファームの推進体制

・行政対応：

　フランスでは、教育ファームに関係する行政対応として、文部省、農水省、国土整備・環境省、青少年スポーツ省、法務省からなる各省担当部局で構成する教育ファーム省間委員会が設置されており、同委員会は、「教育ファームの定義や目的を定めた通達発布」(2001年)、「教育ファームの指導要領策定」(2002年) 等を行っています。なお、農水省についていえば、1995年に「農村ツーリズム・環境教育部教育ファーム推進センター」を設置し、教育ファームに関する情報収集・現状把握に当たり、教育ファーム責任者への支援とアドバイスとして、本格的な研修会の開催、教育ファーム関連ブックレット (教育ファームに特定した経営方法や教育のコツやノウハウを紹介する数多くのハウツー本) の発行等を行っています。

・教育ファームネットワーク組織

　フランスの教育ファームは、その約8割が全国組織又は地方組織の何らかの教育ファームのネットワーク組織に加盟しています。加盟者が最も多い教育ファームネットワーク組織は、フランス農業会議所の運営する「全国アグリツーリズム・ネットワーク "農家へようこそ"」で、現在、教育ファームの55％が "農家へようこそ" に加盟しています。

　教育ファームネットワーク組織の主要な業務は、研修・相談 (法規制、安全対策、教育プラン、その他の運営に関する事項)、広報宣伝活動、教育ファームの質的水準の維持・向上のための自主規制、料金設定に関する統一基準の策定、予約センター業務等々となっています。教育ファームネットワーク組織への加盟は以下のメリットがあると指

摘されています。

（教育ファームネットワーク加盟メリット）
・教育ファーム経営上の法的規制をクリアするためのノウハウがえられる。
・サービス提供に関する内部規制のあるネットワークのメンバーとして運営すると、質の高いサービスを提供することができ、利用者に信頼感を与えることになるので、利用客が得やすい。
・農家の教育ファームでは、学校や余暇センターなどにダイレクトメールで宣伝することになるが、ネットワークは全体として広報活動を行ってくれる。
・地域組織ネットワークや全国組織ネットワーク地域支部は、地域独自の規制などに関する情報も提供する。
・研修（規制、危険に対する配慮、学年別教育カリキュラムなど）、授業で使える教材やモデルプランを持っているネットワーク組織も多いので、教育ファームの運営がし易い。
・加盟するネットワーク組織が予約センターを持っている場合、予約の整理に費やす時間が節約できる。

(6) 教育ファームに関する規制

　教育ファームに関する規制には、法的規制とネットワーク組織の自主規制とがありますが、法的規制についていえば、独自の法的規制はないが、教育ファームの活動に既存の法律に関係する事項が含まれる場合には、当然、それに従わなければなりません。特に、子どもの団体を扱う場合、また、団体を宿泊させる施設がある場合には、厳しい規制があり、受入方法によっては、事前の申請や認可が必要となる場合もあります。教育ファームの活動で法律に関係する主な項目をあげ

ておくと、「公衆の受け入れ」「子どもの団体を扱うこと」「農場の危険物」「家畜の衛生、保護」「食べ物や飲み物の提供」「団体を宿泊させる施設」等々です。

　教育ファームネットワーク組織の多くは、上記のように、加盟教育ファームの質的向上を図り、質的水準を維持し、利用者の信頼を得るために独自の自主規制に関わる内部規則を定めており、体制の整ったネットワーク組織の内部規則による自主規制は一般的に法的規制よりも厳しいと指摘されています。

II　教育ファームの展開状況

　さて、我が国の教育ファームですが、㈳中央酪農会議による酪農教育ファームの取組は、我が国最初の組織的な教育ファームの取組であり、先駆的な取組であったといえます。そこで、ここでは、まず、酪農教育ファームの取組状況を概観し、ついで、酪農教育ファームの取組事例を紹介しておきます。

1　酪農教育ファームの取組状況

(1) 酪農教育ファーム認証牧場数の推移

　㈳中央酪農会議は、1998年7月、酪農教育ファーム推進委員会を起ち上げ、酪農教育ファーム認証制度を創設し、酪農教育ファーム普及推進の取組を開始しました。中酪・酪農教育ファーム推進委員会の酪農教育ファーム認証牧場に関する定義は前述の通りで、全国合計の認証牧場数は、2000年度116牧場、2003年度175牧場、2006年度218牧場、2008年度257牧場と推移しています（表II-1参照）。すなわち、酪農教育ファーム認証牧場数は増加傾向を辿っていますが、全国酪農家数は約2万4,000戸ですから、まだ、広く普及しているとはいえない状態です。

表Ⅱ-1　酪農教育ファーム認証牧場の推移

地域	認証牧場					ファシリテーター
	2000年度	2002年度	2004年度	2006年度	2008年度	2008年度
北海道	27	43	49	50	50	70
東北	17	20	20	34	38	80
関東	25	37	41	44	49	84
北陸	4	6	7	7	14	38
東海	12	17	19	29	47	69
近畿	4	10	10	11	12	16
中国	7	10	12	14	14	19
四国	2	2	2	4	7	12
九州	17	21	21	23	23	35
沖縄	1	1	3	2	3	4
合計	116	167	184	218	257	407

出所：(社)中央酪農会議ホームページより。

(2) 酪農教育ファームの運営主体及び活動目的

　酪農教育ファーム推進委員会が認証した酪農教育ファーム認証牧場は、提出された「酪農教育ファーム認証申請書」（2001年2月）の分析結果によると、酪農教育ファームの運営主体には「酪農家」「公共育成牧場」「畜産試験場」「個人育成牧場」「観光牧場」「教育的施設」「教育的牧場」「その他」があり、2001年度の場合、酪農教育ファーム認証牧場数は135で、その3分の2までが「酪農家」ですが、「観光牧場」と「教育的牧場」とが各1割ずつで、それに「公共育成牧場」「畜産試験場」等を加えると、3分の1までが「酪農家」以外の運営主体となります（**表Ⅱ-2**参照）。すなわち、フランスでは、観光牧場は教育ファームの範疇に含めていませんが、我が国の酪農教育ファームには、観光牧場も含んでいる点に注意しておく必要があります。

　そこで、次に酪農教育ファームの活動目的について、上記申請書に記載された複数項目回答の選択式アンケート結果をみておくと、最も

表Ⅱ-2　地域・業務内容別酪農教育ファームの分布状況
（2001年2月現在）

	北海道	東北	関東	信越	北陸	東海	近畿	中四国	九州・沖縄	合計
酪農家	21	12	11	3	3	10	4	7	18	89
公共育成牧場	1	1	2	―	1	2	―	2	―	9
畜産試験場	―	―	1	―	―	―	―	―	―	1
個人育成牧場	―	―	―	―	―	―	―	1	―	1
観光牧場	3	2	2	1	―	2	2	―	2	14
教育的施設	―	―	―	―	―	1	―	―	―	1
教育的牧場	3	1	6	1	―	2	―	―	1	14
その他	2	1	1	1	―	―	1	―	―	6
計	30	17	23	6	4	17	7	11	20	135

（注）（社）中央畜産会『畜産教育ファームの推進方向』2004年3月。
・酪農教育ファーム推進委員会「酪農教育ファーム確認申請書（平成13年2月）」集計結果。

多かった回答項目は「酪農を人々に広く伝える」で、回答者の8割を占め、ついで「人々との出会い」4割強、「ツーリズム活動の拡大」4割弱、「農業経営の多角化」2割強といった状況です。すなわち、酪農教育ファームの活動目的に関する意識は、全体とすると、ビジネスとして捉えるよりはボランティア活動として捉えている者が多いものと見受けられます。ちなみに、運営主体別にみると、「酪農家」の場合、意識の上で酪農教育ファームの活動をビジネスチャンスと捉えている者は2～3割程度でした[5]。

すなわち、観光牧場では、当然、ビジネスが活動目的となっていますが、運営主体の3分の2を占める「酪農家」では、我が国の場合、フランスの農家型教育ファームに比べ、酪農教育ファーム活動をサイ

---

(5) 詳しくは、㈳中央畜産会『畜産教育ファームの推進方向』2004年3月参照。

ドビジネスとして捉える意識が、まだ、希薄であるといえます。しかし、最近の全国各地における情況から判断すると、酪農教育ファーム活動をビジネスとして捉える傾向が広がっているものと思われます。

(3) 酪農教育ファームの利用状況

㈳中央酪農会議が公表した2008年度の酪農教育ファーム認証牧場の受入実態調査結果によると、認証牧場は257牧場で、実際に作業体験をした人数は約70万5,600人であり、したがって、1認証牧場当たり作業体験人数は2,745人となります。体験人数の内訳は、家族連れなど個人が約38万5,000人で、教育機関では小学校関係者が12万3,400人、子ども会などの団体が7万1,200人、幼稚園・保育園が5万6,200人となっています。すなわち、認証牧場の作業体験人数は、家族連れなど個人での作業体験人数が55％を占めています。認証牧場の運営主体別作業体験人数は公表されていませんが、家族連れなど個人での作業体験は、運営主体が「観光牧場」での受入が多かったものと推測され、したがって、運営主体が「酪農家」の場合には、1認証牧場当たりの作業体験人数は全体の平均よりもかなり下回るものと思われます。

なお、2008年度の認証牧場数及び作業体験人数の地域別分布は、認証牧場数については、北海道が最多で50牧場、次いで関東が49牧場、東海47牧場の順で、作業体験人数については、関東が最も多く、全体の半数以上を占める37万6,300人で、北海道の10万5,200人、東海の9万9,700人と続いています（「日本農業新聞」2009年9月28日付参照）。

(4) 酪農教育ファームの体験種目及び利用料金

　酪農教育ファームで行われている体験学習の内容は、畜舎・ミルキングパラー・堆肥舎等の酪農関連施設見学、酪農作業体験、さらに乳製品加工体験といったごとく、体験種目がきわめて多様ですが、酪農作業体験では「搾乳」「育成牛の哺乳」「乳牛ブラシかけ」が、また、乳製品加工体験では「バターづくり」「アイスクリームづくり」「チーズづくり」が主要な体験種目となっています。なお、酪農教育ファームとして認証されている観光牧場では「乗馬体験」や乳牛以外の中小動物（緬羊、山羊、豚、鶏など）との「ふれあい体験」が大きな役割を担っています[6]。

　酪農教育ファームの利用料金には、入場料と体験料があって、入場料は牧場施設内に入場する際に支払われる料金で、体験料は体験する際に体験種目毎に支払われる料金です。入場料については、無料と有料とがあり、「観光牧場」の酪農教育ファームでは、ほとんど有料ですが、「酪農家」の場合は無料が一般的です。体験料については、「観光牧場」では、一般的にいって、体験種目毎に料金が定められているのが普通ですが、「酪農家」の場合、「観光牧場」と同様に体験種目毎の料金設定を行っているものもみられますが、乳製品加工体験（バターづくり、アイスクリームづくり、チーズづくり等）に要する実費経費程度しか徴収していないものも少なくない情況です[6]。すなわち、我が国の酪農教育ファームの場合、現状では、酪農教育ファーム活動を善意のボランティア活動として取り組んでいる「酪農家」が少なくないとみられます。

---

(6) 前掲『畜産教育ファームの推進方向』参照。

2 酪農教育ファームの取組事例

　さて、つぎに教育ファームの取組事例ですが、酪農教育ファームの場合、運営主体には、前述したように「酪農家」「公共育成牧場」「畜産試験場」「個人育成牧場」「観光牧場」「教育的施設」「教育的牧場」などがありました。「酪農家」は、いうまでもなく、酪農を営む農家であり、類型化を試みるならば、一応、「農家」型とよぶことができます。また、「公共育成牧場」「畜産試験場」「観光牧場」「教育的施設」「教育的牧場」の場合、その事業・運営主体には、第三セクター、自治体、農協等がみられます。したがって、事業・運営主体で分ければ、「第三セクター」型、「自治体」型、「農協」型となりますが、その運営内容で分ければ、観光事業の導入で経営を多角化した牧場（「経営多角化」型）、主要事業が観光事業である牧場（「観光」型）、さらに、公共事業のサービスとして小中学生等の体験学習等を無償で受け入れている牧場（「公共サービス」型）となります。そこで、以下、類型別にみた教育ファームの事例を紹介しておきます。

(1)「農家」型事例

事例1：F牧場（北海道鹿追町）

①経営概要
- 牧場面積：48ha（酪農施設用地、飼料畑、採草放牧地）。
- 乳牛飼養（ホルスタイン）：搾乳牛65頭、育成牛40頭。
- 従事者数：5名
- 年間売上：生乳等酪農部門5,000万円、交流部門600～700万円。交流部門の目標は1,000万円。

・酪農教育ファーム認証牧場。
②経歴及び経過
・経営主（46歳）は、北海道入植3代目で、高卒・就農1年後、アメリカ・ウイスコンシン州に1年間農業研修を経験した。F牧場の農地面積は、経営主の就農当時と比べると、離農跡地を買収し、2倍以上となっている。
・F牧場における小中学生等の酪農体験の受入は、1992年にボランティア活動として山村留学事業を受け入れたのが最初だったが、1996年に修学旅行を受け入れたとき、今後、体験受入は、ボランティア活動ではなく、ビジネスにならないかと考えた。その動機は、フリーストール畜舎、パーラー搾乳施設の導入で酪農の規模拡大を図るか、それとも、酪農規模拡大ではなく、都市農村交流に基づく観光体験牧場化による経営の多角化か、その選択にあたり、酪農規模拡大の選択では、経営採算を考えると、乳牛飼養頭数は、少なくとも、搾乳牛100頭以上、育成牛を含めると200頭位が必要で、その投資をするか、どうかを考えていたところ、町当局が都市農村交流・観光振興の方向を打ち出し、ファーム・イン研究会ができたので、グリーン・ツーリズム、体験ビジネスの導入による経営多角化の方向を選択した。そのキッカケとなったのは、1996年、町主催の「環境学習セミナー」に酪農体験メニューが入ったことだった。1998年に宿泊施設2棟（自炊式コテージで8人用1棟、4人用1棟）を建設し、牧場入口に委託加工アイスクリーム販売等の売店を設置した。
③酪農教育ファーム活動
・受入状況：団体受入は保育園児及び小中学生の受入。保育園児は地元保育園の園児、小学生は釧路市及び北見市等からの修学旅行、中

学生は道外（東京、台湾等）からの修学旅行で、年間3,000人程度の受入。コテージ利用は年間410泊程度の利用で、利用者は夏休みの学生、家族グループツアー、アウトライフ愛好家等。団体受入及びコテージ利用受入の8割までが北海道外からで、集客にはJTB、近畿ツーリストなど、旅行エイジェントを利用している。道外からの中学生修学旅行の場合、然別、トマム、十勝温泉などに宿泊し、日帰りバスで訪れている。
・体験内容：牧場説明、畜舎見学、搾乳体験など。小中学生の体験研修・修学旅行は5月〜7月、夏休みツアーに集中し、学生グループの旅行客は9月〜10月に多い。牛を飼っていること自体が交流の手段となり、酪農のあるがままの説明をしている。冬場は体験交流がない。

④今後の課題
・最近は、競合するビジネスが増えてきたこともあって、これからのツーリズムの受入は、体制を整え、質的向上に努めなければ、客から見放される、現在、コテージのトイレは水洗だが、団体研修客用トイレは在来型なので水洗化が当面の課題、また、今後、未利用建築物の活用による開拓の歴史を説明する展示品を並べた資料館的な施設整備が課題だとしている。

事例2：H牧場（石川県内灘町）
①経営概要
・牧場面積：所有地33ha、借入地15ha、合計48ha。
・土地利用：採草地及び飼料畑46.6ha、施設用地1.6ha。
・家畜飼養：乳牛300頭（うち育成牛20頭）、繁殖・肥育一貫経営和牛60頭、ふれあい動物（ポニー2頭、緬羊3頭、兎30羽）。

- 牧場施設：畜舎4棟（1棟当たり60m×10.5m）、サイロ8基（タワーサイロ）、機械庫1棟、売店（生乳、アイスクリーム、ヨーグルト、ソフトクリーム、菓子類の販売）。売店は、牧場入り口の道路沿いに設置し、「夢ミルク館」と名付けている。
- 従業員構成：管理部門1名、畜産部門11名、売店部門5名。
- 酪農教育ファーム認証牧場。

②ふれあい交流事業
- 「夢ミルク館」の周囲には、ふれあい動物舎、テーブル、ベンチ、駐車場等を配置し、ふれあい交流をコンセプトとした乳製品加工・販売を行っており、年間入り込み客数15万人、年間売上1,000万円の実績を上げ、現状ではサイドビジネスに過ぎないが、経営部門の一つに位置付けられている。

③酪農教育ファーム活動
- 酪農教育ファーム活動としては、地元の小中学校6校、保育園・幼稚園2園から年間500人程度受け入れている。学校から依頼され、先生が引率してくる場合は無償で受け入れているが、PTAに頼まれてバターづくり等を体験させるときは、材料代として1人当たり300円を徴収している。すなわち、H牧場の場合、酪農教育ファーム活動は、どちらかといえば、ボランティア活動として位置付けられている。

事例3：OYデイリーファーム（熊本県西合志町）

①経営概要
- 経営土地面積：総面積8.6ha（うち飼料畑8.0ha、構築物等利用0.5ha、山林原野0.1ha）。
- 家畜飼養：乳牛75頭（うち搾乳牛50頭）、ロバ1頭（ふれあい動物）。

・施設：畜舎施設2棟、倉庫1棟、売店施設1棟
・従事者3名（経営主夫妻、後継者）
・年間売上：約6,000万円（うち生乳代金5,500万円、売店売上500万円弱、体験料等25万円）。
・売店部門：生産生乳の97％は県酪連に出荷、約3％は乳製品委託加工原料に振り向ける。乳製品加工施設は保有せず、売店取扱の乳製品はすべて委託加工によるもの。取扱乳製品はアイスクリーム、ソフトクリーム、ヨーグルトの3種目で、委託加工仕向け生乳の取扱乳製品割合は、アイスクリーム30％、ソフトクリーム20％、ヨーグルト50％。委託加工先は、ヨーグルトとソフトが「うぶやま牧場」（熊本県産山村）で、アイスクリームは近隣のY牧場。
・酪農教育ファーム認証牧場。

②年間牧場来場者数
・売店来客及び体験受入者の牧場来場者総数は年間延べ8,000人。来場者の地域別割合は町内2割、隣接市町村4割、県内他市町村3割、県外1割。
・酪農体験受入人数は約1,500名で、その9割が小学校体験学習の受入。県外からの受入としては、長崎県下小学校6年生の修学旅行（1泊2日・阿蘇地域ホテル宿泊）の際の体験学習を受け入れている。

③酪農教育ファーム活動
・体験種目及び体験料：実施体験種目は、「家畜ふれあい」「家畜管理」「搾乳体験」「バター作り」「棒パン作り」「カッテージチーズ作り」「乳牛の心音聞き」の7種目。牧場への入場料は徴収していないが、大人、子供で区別せず、体験料として体験1種目に付き一律300円の徴収。
・体験受入体制：一度に受け入れられる許容人数は80名（1組40名

×2組のローテーション)。
- 体験実施方法：搾乳体験等は畜舎で行い、乳製品加工体験は、事前に材料を準備しておき、作業台や椅子等を用意してある倉庫で行う。体験指導担当は経営主夫妻。
- 体験受入宣伝方法：ホームページ開設、熊本テレビや地方紙誌等のメディア取材協力による宣伝が中心。

④今後の意向
- 酪農の経営規模は現状維持だが、ふれあい体験交流活動については、小学校等からの要望に応え、拡充していく。
- 乳製品加工については、今後とも委託加工に依存し、加工施設を設置する予定はない。また、売店施設の運営も現状維持。

⑤意見・要望
- 総合学習や校外教育について：小学校では、体験学習に関する事前学習をどのようにしているか、分からないが、学習態度のできていない子どもが多い。騒いでいて、こちらの話を聞こうとしない子どもがいて、キレテしまったことがある。修学旅行のスケジュールで来る子どもたちには、"何でこんな事までしなければならないんだ！"などといっているサメタ子どもが増えている。
- 体験料金について：現在、体験料金は、各牧場でバラバラであり、全国統一料金は無理だとしても、地域別の統一料金は必要だと思う。当初、無償のボランティア活動と考えていたが、継続していくためには料金設定が必要と考えが変わった。まだ、料金を設定していなかった頃、先生方は菓子折を持って受入依頼に来ていたので、先生方も料金が決まっていた方が依頼しやすいといっていた。ただし、学校の予算は限られているので、料金設定後は、"まけてくれ"といわれたこともある。したがって、小中学校の体験学習に対する

保護者負担及び公費負担、公的支援のあり方が問題となる。
・体験受入体制について：組織的な受入体制整備及び公的支援体制の確立、体験学習内容の充実、指導方法等のレベルアップ等を図って欲しい。

(2)「第三セクター・経営多角化」型事例
事例4：くずまき高原牧場（岩手県葛巻町）
①事業概要
・経営主体：㈳葛巻町畜産開発公社（設立1976年、資本金213,000千円）。
・役員：理事長（町長）・副理事長・専務理事他、理事計6名、監事1名。
・運営委員：県・町・酪農家・農家、学識経験者の各代表、計14名。
・牧場面積：総面積1,774ha（所有地380ha、町有138ha、借地1,256ha）。
・家畜飼養頭数：合計2,360頭（2008年5月末現在）。
・従業員数：100名（研修生・パート含む）。
・総収入：1,126,000千円（2007年度）。
・酪農教育ファーム認証牧場。

（事業内容）
・乳牛雌哺育育成事業：町内・関東方面からの育成牛を預託し、妊娠牛で返還。
・搾乳部門：常時80頭搾乳、生乳生産・日量2,400kg。
・交流関連事業：くずまき交流館プラトー（宿泊滞在・宴会場・焼肉ハウス施設）、シュクランハウス（宿泊滞在施設）、ミルクハウスくずまき（牧場産生乳原料の乳製品製造販売、主に宅配）、レストハ

ウス袖山高原（焼肉レストラン経営）、チーズハウスくずまき（牧場産生乳原料のチーズ製造販売）、パンハウスくずまき（牧場産乳製品と町内産雑穀使用のパン製造販売）。もく・木ドーム（町内産唐松使用の建造物、体験学習や各種スポーツ、イベントに使用）、アンテナショップ（盛岡市材木町、牧場特産品販売のほか、軽食レストラン兼営）。

- 牧場来場者：牧場全体として、グリーンツーリズム・酪農教育ファームによる都市住民との交流を積極的に展開し、牧場体験学習などを受け入れている。来場者総数30万人、約2万人が体験学習をしている。

②牧場体験学習：体験種目は、「育成牛の世話」「乳牛の乳搾り体験」「羊の毛刈り体験」「肉牛の世話」「アイスクリーム作り体験」「しいたけ栽培体験」「そば打ち体験」で、受入は主に県内外の小中学生。

③冬期間の牧場体験

- 目的：「スノーワンダーランド（子ども長期自然体験村）」、毎年1月5日～18日までの2週間、自然体験や地区住民とのふれあいを通じて、冬の自然のすばらしさや楽しさ、酪農の精神を学ぶ。
- 参加対象及び募集人員：小学生～中学生まで、募集人員20名。
- 実施場所及び宿泊場所：くずまき高原牧場及びその近隣地域、くずまき交流館プラトーに宿泊。
- 参加経費：65,000円（宿泊・食費）、プログラム指導費及び保険料等の実費経費は、子どもゆめ基金（独立行政法人国立青少年教育振興機構）の助成金の交付を受けている。
- 体験内容：「アニマルトラッキング（動物の足跡を追いかける）」「酪農体験ホームステイ（酪農家にホームステイしながら、酪農体験をする）」「イーグル作り」など。

- 2008年参加者：31名。

④課題と改善方向[7]
- 近年、都市部の学校が体験型の旅行で来場するケースが多くなってきた。その際、体験内容、食事及び料金等の交渉は全て旅行会社任せで、体験現場にも添乗員が付いて回るので、引率の先生は生徒と同じようにお客様気分でいる場合が多い。体験が終わって帰る際の生徒人数の確認も添乗員が行い、先生は何もしないで済む。
- 学校教育の一環として農業、酪農、現場の体験が必要と認めるのであれば、学校と牧場が直接交渉しながら、より教育効果のある方向を追求すべきである。

(3)「自治体・観光」型事例

事例5：神戸市立六甲山牧場（兵庫県神戸市）

　①事業概要
- 管理運営：㈶神戸みのりの公社[8]（神戸市100％出資）。
- 牧場面積：総面積125.8ha（うち一般開放ゾーン23.4ha）。
- 家畜飼養頭数：乳牛12頭、緬羊125頭、山羊10頭、馬8頭、ミニブタ2頭、兎22羽、水禽13羽（アヒル10、アイガモ1、ガチョウ2）。
- 施設：神戸チーズ館1,274㎡（うち工場部分265.4㎡）、まきば夢工

---

(7) 中央畜産会「『牧場等施設における畜産ふれあい体験交流』の事例(1)」(2002年3月参照)。
(8) 神戸市立六甲山牧場は㈶神戸みのりの公社が指定管理者として運営管理している。

房 872 ㎡（うち体験部分 B1・397 ㎡、B2・54 ㎡）、牛舎 474 ㎡、緬羊舎 336 ㎡、サイロ・高さ 10 m、ポニーリンク一周 120 m、レストランハウス 446 ㎡、駐車場 800 台（うちバス 15 台収容）。
・酪農教育ファーム認証牧場。
②事業別収入及び利用状況 [9]
　ア　六甲山牧場（指定管理者事業）総収入：588,155,634 円
　　　　　うち六甲山牧場管理運営事業収入：164,075,616 円
　　　　　〃　六甲山牧場自主事業収入：424,080,048 円
　イ　六甲山牧場管理運営事業収入内訳
・入場料金　：118,390,382 円（入場者数 338,486 人）
・駐車場料金：45,685,234 円
　（大型車 749 台、普通車 92,877 台、合計 93,626 台）
・なお、管理運営事業として、家畜の飼養管理、牧野等施設の維持管理、観光事業の推進、チーズ館内展示室管理等を行う。
　ウ　六甲山牧場自主事業
・売店収入金額：　　　　　　229,008,193 円
　内訳：チーズ館売店：　　　104,249,747 円
　　　　レストハウス売店：　 49,281,144 円
　　　　南売店：　　　　　　 30,549,500 円
　　　　商品外販：　　　　　 44,927,802 円
・レストラン収入：　　　　　108,751,262 円
・チーズ製造販売収入：　　　 24,571,477 円
　　　　　　　　　　　（販売個数　26,620 個）

---

(9) ㈶神戸みのりの公社「平成20年度事業報告」より。

- 「まきば夢工房」体験事業収：25,345,589 円
  （利用人数　23,139 人）
- ポニー引き馬収入：5,892,289 円
  （利用人数　13,741 人）
- その他収入：30,511,208 円

③体験種目及び料金
- 生キャラメル作り教室：六甲山牧場で搾った牛乳と神戸チーズ（カマンベールチーズ）の副産物（乳清）にハチミツなどを加え鍋で煮詰めて作る。

定員 12 名、料金 1,000 円／人

（体験学習室）
- アイスクリーム作り：牛乳・生クリーム・砂糖を混ぜ合わせ、アイスクリームを作る。試食のみ。料金＠ 800 円。
- バター作り：生クリームからのバター作り。試食・作品持ち帰り有り。料金＠ 800 円
- チーズ作り：カテージチーズとストリングチーズ作り。試食・持ち帰り有り。中学生以上。料金＠ 1,000 円。
- ソーセージ作り：豚ブロック肉からのソーセージ作り。試食・持ち帰り有り。中学生以上。料金＠ 1,500 円。

（多目的室）
- 羊毛のフェルト・マスコット作り。糸紡ぎも対応。料金＠ 800 円。

（牧場内の特設体験）
- 陶芸：土を練って、器や皿、レリーフ等を作る。作品は乾燥後釉薬をかけ焼き上げてから体験者に送付。料金＠ 1,500 〜 2,500 円。
- 楽焼：素焼きに色付けして、釉薬をかけ焼き上げる。料金＠ 700 〜 1,200 円。

- 乗馬（引き馬）：引き馬でリンク1周。午前中はポニーなので小学生までが対象、午後は在来馬（木曽馬・北海道和種馬）の引き馬なので4歳以上大人までが対象。料金は、ポニー@300円、在来馬@500円。
- ふれあい動物給餌：山羊給餌、アヒル給餌、羊ふれあい給餌。各料金@100円。

（牧場内の季節的体験）
- 山羊乳搾り：泌乳期の山羊がいるときだけ実施。料金@200円。
- 仔牛授乳：授乳の必要のある幼畜がいるときだけ実施。料金@200円。

④今後の意向[10]
- 畜産経営としては成り立っていない観光牧場だが、入場者数の減少から売上が伸び悩んでいる。今後は、酪農教育ファーム認証牧場であり、県のトライアルウィークも受け入れているので、小中学生等の体験学習を多く受け入れたい、しかし、搾乳時間の設定が難しく、カリキュラムの作成に苦慮している。

（4）「自治体・公共サービス」型事例

事例6：金沢市放牧場[11]（石川県金沢市）

①事業概要
- 管理主体：金沢市農林部。
- 牧場面積：総面積103.86ha（うち草地27.7ha、敷地・道路等7.7ha、山林原野等68.4ha）・家畜飼養：乳牛62頭（預託放牧牛）。ふれあい動物（木曽馬2頭、兎50羽、白鳥・カモ16羽）。

---

(10)前掲『畜産教育ファームの推進方向』参照。
(11)前掲『畜産教育ファームの推進方向』参照。

- 放牧関連施設：事務所1棟、機械庫3棟、倉庫3棟、サイロ1基、その他7棟。
- 預託事業：預託畜種は乳牛及び肉用牛、預託期間は、夏期・5月1日～10月31日（184日）、冬期・11月1日～4月30日（181日）。
- 職員構成：場長1名（獣医師）、獣医師1名、技師1名、業務士5名。

②ふれあい・体験学習
- 関連施設：自然に恵まれた景勝の地であり、自然環境の保護や景観に配慮した休憩所（4カ所）、遊歩道（9km）、サイクリング道（4km）、アスレチック施設等の設置。
- 来場者数：年間約10万人。
- 学校等の利用：小中学校85校、保育園・幼稚園10園、両者で年間約8,000人。体験内容は、ふれあい体験・見学が中心で、作業体験は行っていない。利用料は徴収せず、無料。

③今後の意向
- 市民レクリエーションと周辺に学校教育施設が多いので、恵まれた自然を活かした情操教育の場としての役割を牧場本体の機能に加え、牧歌的な牧場公園として有効活用していく（以上は、2003年当時の状況）。

(5)「農協・公共サービス」型事例

事例7：岡山県蒜山酪農農業協同組合育成牧場[12]（岡山県真庭市）

①事業概要
- 管理主体：蒜山酪農農業協同組合
- 牧場面積：総面積43.0ha（うち牧草地36.5ha、その他6.5ha）

---

(12)前掲『畜産教育ファームの推進方向』参照。

- 家畜飼養：乳牛→育成牛・雌 271 頭、肥育牛・雄 298 頭（2000 年末）。
② 体験学習受入状況
- 受入回数：小学校 4 回、中学校 3 回、大学 1 回、団体 2 回（2001 年度）。
- 受入事前の協議・準備：体験依頼のあった学校、団体にあらかじめ牧場の様子を説明しておき、日時、人数、年齢構成、希望する体験内容と予定時間等を確認する。また、当日の服装、必要物品（長袖・長ズボン・軍手・タオル・マスク・帽子・長靴）を確認する。
- 体験事前説明：体験指導の職員紹介、牧場の仕事、牛の種類・乳質・大きさ、牛の胃の働き・泌乳等の説明。体験に関する諸注意。
- 体験内容：搾乳体験（手搾り）、餌やり体験（ロール乾草を手でほぐしながら与える）、牧草地雑草抜き体験（ギシギシの根をスコップで掘る）、泌乳の神秘及びバクテリアの働きに関するビデオ学習等。
- 体験料金は徴収せず、以上の体験は無料。
③ 体験学習の課題
- 社会貢献、また、ジャージー牛乳・乳製品・牛肉等の消費拡大を PR する目的もあって、現在、体験の料金設定はなく、無料で行っているが、年々、体験受入にかかわる時間、労力が増えて来ている、このまま、ボランティアで続けるほど、牧場の経営は楽ではない。今後は、季節・時間・体験内容等により、体験スケジュールを調整し、他の牧場の料金を参考にしながら当牧場に見合った料金を設定したいと考える。
- 学校によっては、体験に訪れた子どもたちの中に、非常にマナーの悪い子どもがいるのが問題だ（以上は、2001 年当時の状況）。

　以上、教育ファームの取組事例の紹介として、酪農教育ファーム認

証牧場の「農家」型事例3例、その他4事例を取り上げてみました。その他4例は、自治体及び第三セクター、または、農協組織の運営する牧場でした。紹介事例の要点をまとめておきますと、以下の通りです。

　「農家」型酪農教育ファーム3事例は、いずれも教育ファーム活動と併せて乳製品販売や宿泊滞在等のサイドビジネスに取り組み、酪農経営の多角化を図っています。なお、同3事例の酪農教育ファーム活動は、**事例1**（北海道鹿追町F牧場）及び**事例3**（熊本県西合志町OYディリーファーム）の場合、体験プログラムや体験料金等をきちんと定め、酪農教育ファーム活動をサイドビジネスとして実施しています。その小中学校等の受入は、道県内外他市町村からが大部分で、集客は、**事例1**ではJTBや近畿ツーリストなど、旅行エイジェントの利用、**事例3**では、地元テレビや新聞紹介等のマスメディア利用、口コミ等によるものでした。**事例2**の場合は、酪農教育ファーム活動は、地元小中学校及び保育園・幼稚園からの受入がほとんどで、先生引率の場合は無料ですが、PTAの依頼でバター作り等を行う体験受入の場合は材料費程度の経費（1人当たり300円）を徴収しています。いずれにしても、**事例2**の酪農教育ファーム活動の取組は、ビジネスとしての取組ではなく、ボランティア活動としての取組でした。

　その他4事例は、自治体・第三セクター・農協組織の運営する牧場ですが、当初の設立目的は、いずれも公共的育成牧場でしたが、畜産をめぐる状況及び社会情勢の変化に対応し、その利用形態を変え、交流事業や観光事業を導入し、小中学生等の体験学習を受け入れるようになりました。

　事例4（岩手県葛巻町・くずまき高原牧場）、**事例5**（兵庫県神戸市・神戸市立六甲山牧場）、**事例7**（岡山県真庭市・蒜山酪農農業協同組

合育成牧場）の3事例は、いずれも酪農教育ファーム認証牧場です。**事例4**と**事例7**の場合は、本来業務である育成牛預託事業をはじめ、畜産部門の事業を行っていますが、**事例5**の場合は、地域の畜産振興が目的で設立（1950年）されましたが、地域の畜産農家が消滅したので、1979年に観光牧場として一般公開することになりました。現在、**事例5**は、育成牛預託事業及び畜産生産事業は行わず、観光事業に徹しています。したがって、**事例5**の場合、受入は家族連れ等の一般観光客が圧倒的に多く、体験は、いわば"ふれあい体験交流"が中心となっています。

　なお、**事例4**と**事例7**をみておきますと、**事例4**の場合は、交流及び観光事業（宿泊滞在、飲食サービス、物販、各種体験等々）の導入で経営多角化を図り、酪農教育ファーム活動は、有料のマニュアル化した体験プログラムに基づくビジネスとして実施しています。しかし、**事例7**の場合は、牛乳・乳製品及び牛肉等、畜産物消費拡大のPR、社会貢献が目的で酪農教育ファーム活動を実施しており、小中学生等の体験学習は体験料を徴収せず、無料で実施していました（2001年現在）。ただし、今後の意向としては、「牧場の経営は苦しいので、他の牧場の料金を参考にしながらリーズナブルな料金を設定したい」としていました。

　事例6（石川県金沢市・金沢市放牧場）の場合は、酪農経営のコスト低減及び環境改善が目的で1960年に設立された公共育成牧場ですが、地域酪農の衰退から預託牛が減少し、現在、なお、預託放牧は継続していますが、放牧育成牛頭数は少なく、「市民の動物とのふれあい提供」の役割が大きくなっています。同放牧場は、金沢市の自然公園内に立地し、周辺には、市民のレクリエーション施設が多く、一般市民の憩いとやすらぎの場として利用され、多くの一般市民が来場し

ています。同放牧場では、小中学校や保育園・幼稚園からの体験受入を無料で行っていますが、体験内容は、いわばふれあい体験が中心で、「恵まれた自然を活かした情操教育の場としての役割を牧場本来の機能に加え、牧歌的な牧場公園として有効活用していく」としています。

　紹介事例の要点は以上ですが、酪農教育ファームの運営に関わる以下のような問題点の指摘及び意見・要望がありました。
・学習態度のできていない子どもが多い。現在、体験料金は各農場でバラバラであり、全国統一料金は無理だとしても、地域別統一料金は必要。小中学校の体験学習に対する保護者負担及び公費負担のあり方が問題。組織的受入体制及び行政支援体制の確立で、体験学習内容の充実、指導方法のレベルアップが必要（事例３）。
・体験内容、食事及び料金等の交渉は全て旅行会社任せで、引率の先生は生徒と同じようにお客様気分。終了後の生徒人数の確認も添乗員が行い、先生は何もしないで済むが、学校教育の一環としての農業、酪農現場の体験が必要と認めるのであれば、学校と牧場が直接交渉しながら、より効果のある方向を追求すべきである（事例４）。
・畜産経営としては成り立っていない観光牧場だが、……酪農教育ファーム認証牧場であり……小中学生等の体験学習を多く受け入れたい。しかし、搾乳時間の設定が難しく、カリキュラムの作成に苦慮している（事例５）。
・学校によっては、体験に訪れた子どもたちの中に、非常にマナーの悪い子どもたちがいるのが問題だ（事例７）。

　要するに、我が国では、まだ、フランスのような教育ファームに対する行政及び教育ファームネットワーク組織の指導支援体制に基づく学校教育と教育ファームの密接な連携が確立していないので、学校側の体験学習に関わる子どもたちへ事前学習が十分ではなく、体験学習

に対する教員の問題意識、取り組み姿勢が問われ、また、教育ファームの利用料設定や体験学習内容及び指導方法のレベルアップなど、教育ファーム運営上の問題が指摘されています。

3　類型別酪農教育ファームの検討

つぎに、以上の酪農教育ファームの実態を踏まえ、類型別酪農教育ファームのメリット、デメリットを検討しておきたいと思います。ここでは、一応、酪農教育ファームを「観光ビジネス型」「経営多角化型」「ボランティア型」に分けて検討しておきます。

(1)「観光ビジネス型」

「観光ビジネス型」酪農教育ファームとは、牛乳の生産・加工・販売を主業業務とせず、酪農関連の観光業務を主要業務とし、ふれあい体験・体験学習をビジネスとしている牧場です。「観光ビジネス型」の場合、体験学習をビジネスとしているので、受入体制が整っており、利用者側にとって、利用計画が立てやすいといったメリットがありますが、そこでの体験は、実際の酪農現場での体験とは、どうしても乖離したものとなってしまい、また、教育目的に即した体験学習に相応しい十分な時間をかけることも、難しく、したがって、修学旅行における見学や体験、家族連れ幼児や一般の人々の小動物・家畜とのふれあい体験には向いていても、学校教育と連動したカリキュラムに基づく一定期間を要する体験学習には不向きであり、教育的観点からみた体験学習機能は限定的なものとなっています。

(2)「経営多角化型」

　「経営多角化型」酪農教育ファームとは、牛乳の生産・加工・販売を主業業務とし、経営多角化の観点から、観光関連業務やふれあい体験・体験学習をビジネスとして導入している牧場です。「経営多角化型」の場合、実際の酪農と結びついた体験学習となっているので、「観光ビジネス型」に比べ、より酪農の実体に即した体験学習が可能です。ちなみに、糞尿処理―堆肥作り―エサ作りなど、より幅広い体験学習が可能です。したがって、教育的観点からみた体験学習機能は、「観光ビジネス型」に比べ、優れていますが、一度に受け入れる人数が多くなり、それに対応した体制（スタッフ、施設）が整わないと、「観光ビジネス型」の場合と同様の問題を抱え込むことになります。

(3)「ボランティア型」

　「ボランティア型」酪農教育ファームとは、牛乳の生産・加工・販売を主業業務とし、社会貢献の観点から、無料又は必要実費程度で、ふれあい体験・体験学習を受け入れている牧場です。「ボランティア型」の場合、実際の酪農に触れ、教育目的に即した体験学習が可能ですが、受入は、あくまでも善意によるものであり、ちなみに、酪農の経営環境が厳しくなり、負担が重くなれば中止となることもありうるし、当然、当該牧場の都合が優先されますので、利用者側の計画的、持続的利用といった観点からすると、不安定であることは否めません。したがって、事例調査の結果でみても、「ボランティア型」の場合、ふれあい体験・体験学習をサイドビジネスとして位置づけ、「ボランティア型」から「経営多角化型」への移行が求められています。

Ⅲ　教育ファームの展開方向

　以上、教育ファームとは何か、そのコンセプトについて、すでに社会の中に広く定着し、先進的な活動を展開しているフランスの教育ファーム活動から学び、ついで、我が国における教育ファーム活動の先駆的な取組として、1998年以降、㈳中央酪農会議が取り組んできた酪農教育ファームの取組状況及び取組事例を紹介しましたが、つぎに、以上の結果を踏まえ、農村地域の活性化の観点から、これからの我が国における教育ファームの展開方向を探っておきたいと思います。

　なお、教育ファームの定義については、すでにⅠ－2で述べておきましたが、ここでの教育ファームとは以下の通りであることを重ねて断っておきます。すなわち、農水省消費安全局長通知の定義では、教育ファームとは、「農林漁業者などが一連の農作業等の体験を提供する取組」であり、いいかえれば、農作業等の体験提供の行為であるとしていますが、ここでは、教育ファームとは、農作業等の体験提供の行為を指すのではなく、「農作業等の体験受入先となる農場又は牧場そのもの」としておきます。

1　農林漁業体験活動と教育ファーム

　さて、これからの教育ファームの展開方向ですが、フランス並みの教育ファーム活動の実現をめざし、これからの教育ファームのあり方を考えるに当たっては、まず、今日、すでに全国各地で広がっている

表Ⅲ-1　農林漁業体験の内容

体験類型	主な体験内容
Ⅰ. 農作業体験	1. 田植・稲刈、2. 野菜の植付・収穫、3. 果樹のもぎ取り、4. 畜産作業（搾乳、羊毛刈り等）、5. 花作り・ハーブ栽培、6. その他
Ⅱ. 農産加工体験	1. そば・うどん打ち、2. もち加工、3. 団子・煎餅等菓子作り、4. みそ・漬物作り、5. 豆腐づくり、6. バター・チーズ作り、7. ハム・ソーセージ作り、8. パン・ジャム作り、9. その他
Ⅲ. 林業体験	1. 植林、2. 枝打ち・下草刈り、3. 菌茸類植菌・収穫、4. 山菜・キノコ採り、5. その他
Ⅳ. 漁業体験	1. 地引き網、2. 定置網、3. 一本釣り、4. その他
Ⅴ. 生活文化体験	1. わら・竹細工、2. 草木染め、3. 炭焼き、4. 陶芸、5. 木工・ガラス工芸、6. 和紙作り、7. 機織り、8. ドライフラワー・押し花・リース作り、9. フラワーアレンジメント、10. 郷土料理作り、11. 伝統芸能、12. 田舎暮らし体験、13. その他
Ⅵ. アウトドア・レジャー体験	1. トレッキング・森林浴、2. サイクリング、3. カヌー・ラフティング、4. 釣り、5. 乗馬、6. スキー、7. スノーモービル、8. ハンググライダー、9. マウンテンバイク、10. クロスカントリー、11. パターゴルフ、12. シーカヤック、13. ウインドサーフィン、14. ダイビング、15. 海水浴・登山、16. 自然観察（野生動植物）、17. バードウオッチング、18. 魚つかみ取り・昆虫採集、19. 星空・天体観察、20. その他

出所：井上和衛「農業・農村体験の意義と課題」『農業と経済・2005.8臨時増刊号』28頁。

　小中学生等の農業体験学習をはじめ、一般市民の農作業体験など、様々なかたちで展開している農林漁業体験活動がこれからの教育ファーム活動に連動するものと捉え、農林漁業体験活動の現状と問題点を整理し、農林漁業体験活動における教育ファームのあり方を検討しておきたいと思います。

(1) 農林漁業体験活動の現状

　農山漁村地域における小中学生等の体験学習及び都市住民・一般消費者の農林漁業体験は、地域による自然・風土、農林漁業生産、地場産業、伝統・生活文化の違いによって、きわめて多種多様なものとなりますが、大別すると、農作業体験系、農産加工体験系、林業体験系、

漁業体験系、生活文化体験系、アウトドア・レジャー体験系となり、それぞれの内容は**表Ⅲ-1**に示すようなものとなります。

　とにかく、農林漁業体験活動の内容はきわめて多種多様ですが、同時に、その体験者の体験目的、また、体験受入主体の受入目的についてみても、その多様性が指摘されます。ちなみに、体験者の体験目的についていえば、気分転換・気晴らしやストレス解消のための体験から、小中学生等の体験学習活動、成人の余暇活用に基づく生涯学習活動、さらに、援農や田園自然再生に関わるボランティア活動に基づく体験までみられます。そして、体験受入主体の受入目的についていえば、すでに明らかなごとく、一定の収益を上げることが目的の営利目的のものから、社会貢献のボランティア活動又は公共サービス提供といった非営利目的のものまでみられます。

　そこで、つぎに、Ⅱ－3でも述べましたが農山漁村地域における小中学生、成人を含む都市住民や一般消費者の体験活動について、その問題点を整理するために、当該の体験活動をタイプ分けし、それぞれの特徴をまとめておきますと、以下のようなものとなります。

①観光体験型
・体験目的：気分転換、気晴らしやストレス解消。
・体験主体：都市住民及び一般消費者の個人・家族連れ又は団体グループ。
・受入主体：観光農園や観光牧場、農林漁業体験民宿、農林漁業体験公共施設等。
・体験方法：受入主体の用意した体験施設及び人材、体験メニューに基づく体験。
・体験料金：有料
②体験学習型

- 体験目的：農林漁業体験学習・食育又は生涯学習。
- 体験主体：小中学校等の児童生徒、一般消費者個人又は団体グループ。
- 受入主体：体験ビジネス（観光農園、観光牧場、体験民宿等々）、地域の非営利組織又は個人（市町村・農協、集落自治組織、NPO、ボランティア組織等々又は個人）。
- 体験方法：体験ビジネスの体験プログラム又は体験主体と受入主体の協議に基づく体験
- 体験料金：有料又は無料

③ボランティア体験型
- 体験目的：援農、田園自然再生及び里地里山保全活動等々。
- 体験主体：生協等消費者組織・環境保護組織及び各種NPO等参加者、企業CSR参加者等々。
- 受入主体：集落自治組織又は地元住民個人等々。
- 体験内容：援農、棚田・谷地田保全（田植、稲刈、畦畔管理等々）、里山保全（下草刈り、植林等々）、茅葺き民家補修等々。

すなわち、教育ファームで行う主要な農林漁業体験は、いうまでもなく、体験学習型ですが、その受入に当たっては、受入主体別に体験対象及び体験方法（体験プログラム、体験料有無等）、さらに、行政支援を含む受入のあり方を検討しておく必要があります。

(2) 農林漁業体験ビジネスと教育ファーム

以上の農林漁業体験活動の現状を踏まえ、地域活性化の観点から、農林漁業体験ビジネスの問題点を指摘しておきますと、以下の通りです。

第一に、観光体験型の場合、体験活動のビジネス化がすすんでいますが、体験学習型の場合は、体験受入側の収入に直接結びつかないボランティア活動に支えられていることが多い。ちなみに、小中学生等の体験学習・食育の面で先駆的な役割を果たしている酪農教育ファームは、酪農家の善意のボランティア活動で支えられていることが少なからずみられます。体験学習型の体験活動を無償のボランティア活動で将来にわたり継続的に維持していくには無理があり、いま、求められている体験受入主体の増加、広がりにつながらないといわなければなりません。また、体験ビジネスとして取り組んでいる場合でも、体験ビジネス自体の売上はさほど大きなものではありません。㈶都市農山漁村交流活性化機構の調査結果[13]によると、体験ビジネスの体験客1人当たり体験料収入は690円程度でしかありません。

　したがって、農家型教育ファームの場合、ビジネスとして取り組んでいるとしても、体験料収入は全くのサイドビジネスの範囲を超えるものではありません。また、例えば、観光牧場の場合でも、その経営は、食堂・レストラン収入、売店物販収入、宿泊施設利用収入によって維持されているのであり、体験ビジネスは、"人寄せパンダ"の役割しか果たしていません。要するに、教育ファームとして、農林漁業体験学習の継続的な受入体制を維持していくためには、受入主体である教育ファームの安定的な収入を如何に確保していくかが問題です。

　第二に、体験受入に必要な人材不足が指摘されます。ちなみに、㈶都市農山漁村交流活性化機構の前掲調査では、市町村当局の調査回答者からは、「受入農家が不足している」「インストラクターの数が不足、

---

(13)㈶都市農山漁村交流活性化機構『グリーン・ツーリズム体験ビジネスの展開』2003年3月。

受入人数に限界がある」「インストラクターの高齢化、後継者の育成が課題」等々の指摘が多くありました。

　第三に、また、上記の市町村当局の調査回答者からは、農林漁業体験活動をすすめていくうえで、「地域資源を活かした魅力ある体験メニューづくりが難しい」「緊急時の対応や安全確保の体制に不安」「農林漁業体験民宿等との連携が不十分」「野外トイレ、更衣室や休憩室等、交流施設整備の遅れ」等々の指摘がありました。なお、同調査結果によると、体験料の適切な料金体系が整っていない市町村が多く、ちなみに、「共通料金を定めている」市町村は2割以下で、「おおむね定めている」を含めてみても約半分でした。すなわち、農林漁業体験学習を受け入れる教育ファームとしては、ソフト及びハードの両面にわたる改善を如何にすすめていくかが問題となります。

　要するに、これまでの農林漁業体験学習又は交流受入の取組には、もちろん、交流人口の増加や所得向上につながり、地域活性化に貢献した模範的事例もみられますが、しかし、全体とすると、そうした事例はそれほど多いとはいえません。したがって、農林漁業体験学習又は交流受入の取組を農山漁村の地域活性化に結びつけていくには、従来の農林漁業体験学習又は交流受入の意識改革を図り、ビジネスの視点に立った教育ファームへの受入に転換する必要があります。すなわち、如何にしたら、ビジネスとして教育ファームが成り立つかが課題となります。

　しかし、だからといって、教育ファームの公共的性格を全く無視し、単純に教育ファームのビジネス化の方向を追求すればよいということにはなりません。ちなみに、フランスの教育ファームの場合、モデル農場型教育ファームは地域社会の公共施設として存在し、また、農家型教育ファームにしても、その活動は、単純に営利追求を目的とした

ものではなく、学校教育との連携や様々な法的規制・自主規制に基づく非営利的な社会貢献の側面を持った活動であることに十分留意しておく必要があります。すなわち、教育ファームのあり方が問われます。

2　教育ファームの類型別展開

(1) 非営利・公共サービス型教育ファーム

　フランスの教育ファームは、都市部又は都市周辺部で農業生産・経営を行うことが目的ではなく、自治体が設置し、自治体又はNPO等が運営する非営利の子どもの教育や成人の社会福祉関係の利用を目的としたモデル農場型教育ファーム（シティー・ファームとも呼ばれる）と農家又は農家グループがサイドビジネスとして運営している農家型教育ファームとがあり、教育ファームの運営は両方とも学校教育と連携したものとなっていますが、モデル農場型教育ファームの場合、その設立経過からいって、学校教育との連携をより重視しています。

　我が国では、これまで、フランスのモデル農場型教育ファームに相当するものは、まず、あったとしても全くの例外でしかなく、無かったといってよいと思います。しかし、我が国でも、これからは、フランスのモデル農場型教育ファーム並のものは無理だとしても、小中学校等からの教育的需要の増大、一般市民の要望に応え、自治体やNPO等の耕作放棄地の活用による教育ファーム、あるいは、農学系大学や農業高校等の農場の公開利用に基づく教育ファームなど、いわば非営利・公共サービス型の教育ファームづくりを積極的にすすめていくべきであると思います。もちろん、その場合、それぞれの取組に相応しい行政支援が不可欠です。

(2) 農家型教育ファーム

　フランスにおける教育ファームは、前述したように、1974年、リール市がモデル農場型教育ファームを設立したのが最初で、以後、自治体が都市部又は都市近郊に設立したシティー・ファームと呼ばれたモデル農場型教育ファームが中心でしたが、1980年代の終わり頃からは、農業所得の低下傾向が強まったことから、農家民宿、農家レストラン、直売・農産加工など、グリーン・ツーリズム関連ビジネス等の導入で農業経営の多角化を図り、低下した農業所得の補填、収入増をめざす農家が増え、そうした中で、サイドビジネスとしての農家型教育ファームが増加し、今日では、農家型教育ファームが教育ファームの7割を占めています。

　すなわち、フランスの場合、上記のように、モデル農場型教育ファームは、自治体やNPOが運営する公共サービス、農家型教育ファームは、農家が運営するサイドビジネスとして捉えられています。教育ファームへの行政支援はタイプに応じたかたちで行われており、全国組織又は地方組織の教育ファームネットワーク組織は農家型教育ファームのビジネスとしての展開を支えています。ところが、我が国の場合、観光牧場や観光農園はビジネスとして運営されていますが、フランス並みの自治体やNPOの運営するモデル農場型教育ファームに該当するものは例外的な存在でしかなく、また、フランスの教育ファームネットワーク組織に該当する㈳中央酪農会議の酪農教育ファーム推進委員会の場合、現状では、農家型酪農教育ファームに対するビジネスとしての捉え方が弱く、農家型酪農教育ファームのビジネス化に関わる十分な活動は行っていません。しかし、今後は、事例紹介でみたように、教育ファーム、特に農家型教育ファームは地域活性化の観点からビジネス化の方向を追求していく必要があります。

表Ⅲ-2　全国市町村の滞在型グリーン・ツーリズム等振興に関する取組状況

(調査対象：全国市町村1,834、単位：％)

	現在取り組んでいる	今後取り組まれる予定	現在検討中	現在今後とも予定なし
体験ツアー受入取組	31.4	3.5	17.3	44.2
スクール開校の取組	3.4	0.7	17.0	73.8
体験修学旅行受入取組	16.5	2.2	16.0	60.6
農山漁村型WH受入取組	3.6	0.7	20.2	69.5
滞在型市民農園開設取組	5.4	1.1	23.1	64.9
空き家・民家の活用取組	9.2	3.2	22.7	60.1

出所：(財)都市農山漁村交流活性化機構（2007年2月調査）。WH→ワーキングホリデー。

　すなわち、我が国でも、すでに指摘したごとく、都市農村交流、地域活性化の取組の中で産直・直売、農家レストラン、宿泊滞在ビジネスなどと共に、小中学生等の体験学習や教育旅行の受入が広がっています。ちなみに、(財)都市農山漁村交流活性化機構の調査結果から全国市町村におけるグリーン・ツーリズムの取組状況をみておくと、その取組内容としては、**表Ⅲ-2**にみるごとく、「体験ツアー受入取組」及び「体験修学旅行等受入取組」が多いといえます。

　なお、小中学生等の農業・農村生活体験を目的とした教育旅行の受入について、二、三の事例をあげておくと、長野県飯田市では、1996年度より中高生を対象とした体験教育旅行に取り組み、2004年以降、年間110校、16,000～17,000人を受け入れ、福島県喜多方市では、1999年度から体験教育旅行の受入を開始し、修学旅行生は年々増加を辿り、開始から9年目となる2007年には、60校7,008名の修学旅

行生を迎えています[14]。

　また、北海道長沼町の「長沼町グリーン・ツーリズム運営協議会」では、一般農家住宅159戸が簡易宿所の許可を取り、1日当たり宿泊総数定員1,076名の受入体制を整え、2008年度には、小学校1校・中学校10校・高校14校、総数4,190名の体験修学旅行生を受け入れています[15]。

　とにかく、農山漁村地域への小中学生等の体験教育旅行は全国各地に広がっていますが、2008年度から開始した農水省・文科省・総務省の三省連携による「子ども農山漁村交流プロジェクト」の実施で、さらに大きく広がっていくことが予想されます。同プロジェクトは、5年後には、全国2万3,000校の小学校1学年（5年生）120万人が、全国約500地域の農山漁村で1週間程度の長期宿泊体験活動の実施を目標としています。もちろん、「子ども農山漁村交流プロジェクト」が当初計画通りに必ず展開するとは限りませんが、いずれにしても、今後、農山漁村地域での小中学生等の体験学習は大きな潮流になっていくものと思われます。したがって、小中学生等の農業体験学習は、これまで多分にボランティア活動として捉えられてきたが、最近、全国各地の農山漁村地域では、地域活性化のビジネスチャンスとして捉える機運が高まっており、そうした動きに連動して、我が国の教育ファームも、農山漁村地域おける地域活性化の役割を担うビジネスとし

---

(14) 鈴村源太郎「地域農業の活性化に貢献する子どもの農業体験教育旅行」『Primaff　Review　No.24』農水省農林水産政策研究所（2009年3月31日）参照。
(15) 都市農山漁村交流活性化機構「第6回オーライ！　ニッポン大賞・受賞パンフレット」平成20年度。

て位置づけ、フランスの農家型教育ファームと同様に、ビジネス化の方向が開けてきました。

(3) コミュニティ・ビジネスへの位置づけ

しかし、教育ファームのビジネス化といった場合、それは、営利追求を至上目的とした企業や起業家によるものではなく、教育ファームをコミュニティ・ビジネスとして取り上げる視点を重視する必要があります。なぜなら、これまで個別企業の営利目的で農村部に進出したテーマパークや観光施設は、その多くが地域活性化に寄与することなく、すでに破綻している場合が多いからです。

コミュニティ・ビジネスとは、地域住民が主体となり、地域の資源を活用して、地域の抱える課題をビジネス的手法で解決し、コミュニティの再生を通じて、その活動で得た利益を地域に還元する事業活動であり、その経営主体は有限会社、NPO法人、協同組合など様々ですが、地域の活性化や新しい雇用の創出などで近年脚光を浴びています。

石田正昭氏は、農村版コミュニティ・ビジネスは、地縁型自治組織によるものと地域機能集団組織によるものとがあり、したがって、事業主体には、集落自治組織（自治行政区）、集落営農組織、農林漁業協同組合、NPO、各種農村企業などがあり、そして、活動領域は、「食と農」「健康」「助け合い・福祉」「資源・環境」「生きがいづくり」「都市農村交流」の六つに区分されるとし、それぞれの活動・事業領域を**表Ⅲ-3**のようにまとめています。

石田氏は、農村版コミュニティ・ビジネスの活動・事業領域として教育ファームをノミネートしていませんが、その内容からみて、教育ファームは、当然、農村版コミュニティ・ビジネスの中に位置づくも

表Ⅲ-3　農村版コミュニティ・ビジネスの活動・事業

領域	活動・事業領域
食と農	集落営農、ファーマーズ・マーケット、レストラン、農林水産物加工、農林業体験、加工体験、学校給食、農業トラストなど
健康	カントリーウォーク、トレッキング
助け合い・福祉	ミニデイサービス、園芸セラピー、高齢者に対する給食サービス・お使いサービス、庭木の剪定・管理など
資源・環境	生ゴミコンポスト、里山・河川の環境美化、植樹、エコツーリズム、用排水路の維持・管理、ため池・ビオトープの保全、遊休農地の活用、棚田オーナー制度、獣害対策、自然エネルギーの開発など
生きがいづくり	市民農園、生きがい農園、料理教室、樹木園の管理、パターゴルフ、ボランティアガイドなど
都市農村交流	都会のインショップ、宅配・直販、民宿（民泊）、グリーン・ツーリズムのプロデュース、田舎暮らしのあっせんなど

出所：石田正昭編著『農村版コミュニティ・ビジネスのすすめ』家の光協会（2008.5）、35頁。

のと考えられます。教育ファームに関わるコミュニティ・ビジネスとしては、当該事業自体が教育ファーム活動を行うものと同時に、フランスの教育ファームネットワーク組織のように、各地域における教育ファームの普及推進、事業運営の支援・サポートを業務とする教育ファームネットワーク組織とが考えられます。

3　教育ファームの推進課題

　さて、以上、明らかにした我が国の教育ファームに関わる状況を踏まえ、農山漁村の地域活性化の観点から、これからの教育ファームの普及推進に必要な主要な課題をまとめておきたいと思います。

(1) 教育ファームに関する定義、コンセプトの確立

　現在、我が国では、フランスのように、教育ファームのビジネス化、地域づくりに結びつく教育ファームに関する定義、コンセプトは、まだ、確立していません。すなわち、我が国農水省の教育ファームに関する定義では、教育ファームとは、農作業等の体験学習の受入先である農場又は農家ではなく、<u>農作業等の体験提供の取組</u>としているので、その定義からは、教育ファームのビジネス化、体験学習受入先となる農場又は農家の教育ファームの事業開始又は事業継続を対象とした行政支援にはつながらず、現状では、行政支援は、単なる農作業等の体験学習開催に関わる助成措置、いわば、イベント支援に終わっています。

　フランスでは、教育ファームの社会的ニーズ、地域活性化の役割の高まりから、行政支援のあり方を確立するために、関係行政省庁（文部省、農水省、国土整備・環境省、青年スポーツ省、法務省）による教育ファームに関する省間委員会の設置（1992年）、省間委員会による教育ファームの定義が確定してから、国家レベルの教育ファームのサポート体制が確立し、農水省環境教育部による教育ファームに対する行政支援（情報収集・提供、研修会主催、支援アドバイス等々）が積極的に行われるようになりました。したがって、フランスの教育ファームに学び、我が国でも、教育ファームに関する定義、コンセプトを確立する必要があります。

(2) 教育ファームネットワーク組織の確立

　現在、我が国の教育ファームネットワーク組織としては、酪農教育ファームの全国組織である㈳中央酪農会議・酪農教育ファーム推進委員会がみられます。また、全国各地には、教育ファームの名称は掲げ

ていないが、長沼町グリーン・ツーリズム運営協議会（北海道）、NPO法人田沢湖ふるさとふれあい協議会（秋田県）、NPOにいがた奥阿賀ネットワーク（新潟県）、南信州観光公社（長野県）、㈳若狭三方五湖観光協会（福井県）、幡多広域観光協議会（高知県）、NPO法人体験観光ネットワーク松浦党・松浦体験型旅行協議会（長崎県）等々のように、主に小中学生等の体験型教育旅行の農林漁家の受入、体験活動実施を支援・サポートするネットワーク組織が存在し、活動しています。

しかし、我が国の酪農教育ファーム推進委員会の場合、フランスの教育ファームネットワークが行っている利用者予約センター、利用料金の統一基準の設定等に関する業務は行っていないし、現状では、酪農教育ファームの運営を実務面で支える十分な業務を行っているとはいえません。また、各地のグリーン・ツーリズム運営協議会や体験型旅行協議会にしても、広報宣伝活動や体験プログラムづくり、集客等々、地域の実情に応じた優れた活動を展開していますが、教育ファームに関する資格要件の設定、教育ファームとしての受入農林漁家の認証といった活動は、まだ、ほとんど行われていません。したがって、これからは、教育ファームの実体を備え、教育ファームとして認証されるにたる受入農林漁家の育成、普及推進が課題となります。

フランスの農家型教育ファームの多くは、全国及び地方の教育ファームネットワーク組織に加盟し、ネットワーク組織の提供する関連情報、教育機関と連携した教育プログラムや教材、研修会等を通じた運営ノウハウの習得、例えば法的規制のクリアなど、さらに、ネット組織の定める安全対策等の質的水準の維持向上のための自主規制、料金等の経営に関わる統一基準によって、より質の高いサービス提供が可能となり、利用者の信頼を得て、安全・安心な農産物や加工食品の直

売、レストラン、民宿等々のグリーン・ツーリズム関連ビジネスと結びつけ、持続的なビジネスとして教育ファーム事業を行っています。したがって、我が国においても、今後は、農山漁村の地域活性化の観点から、フランス並みの教育ファームネットワークの全国組織、地方組織の確立が課題となります。

(3) 教育ファーム事業の複合化

　教育ファーム事業は、ビジネスとして捉えると、体験ビジネスです。体験ビジネス自体の事業収入は、いうまでもなく、体験料収入ですが、観光農園や観光牧場の場合でも、体験料収入自体はさほど大きなものではなく、経営は、食堂・レストラン収入、売店物販収入、宿泊施設利用収入等で維持されており、農家型教育ファームの体験料収入は全くのサイドビジネスの範囲を超えるものではありません。フランスの教育ファームでは、前述したように、体験ビジネスと併せて、農産物・加工食品の直売、レストラン、民宿等々のグリーン・ツーリズム関連ビジネスを実施し、教育ファーム事業を持続的に展開しています。すなわち、いわば教育ファーム事業の複合化であり、我が国でも酪農教育ファームでは、事例紹介でみたように、そうした取組がみられますが、我が国の場合、農産物直売所、農家レストラン、農家民宿、滞在型市民農園等々、多様な形で展開している都市農村交流ビジネスと結びつけた教育ファーム事業の積極的な複合化が課題となります。とりわけ、農村版コミュニティ・ビジネスの中に教育ファーム事業を位置づけ、他の事業活動との複合化を重視することが求められます。

(4) 教育ファーム普及推進地域支援体制の構築

　なお、農山漁村の地域活性化の観点からの教育ファームの普及推進

にあたっては、いうまでもなく、地域の行政、農林漁業関連団体・組織（JA、森林組合、漁協、生産者組織等）、集落自治組織（行政自治区）、教育関係機関・組織（学校、教育委員会、PTA等）、各種消費者団体・組織（生協、女性団体・組織等）等々の協力支援に基づく地域ぐるみの取組が必要であり、そのための関係機関・団体・組織の連携による協力支援体制の構築が課題となります。

　その主な支援内容についていえば、教育ファームの情報収集・宣伝活動に関する支援、教育ファーム設置に関わる法的諸手続きや資金調達等の支援、教育ファームネットワーク組織の設立・運営に関する支援、教育ファームの運営面での支援（学校・教育委員会等との連携、利用料金設定、指導・安全対策等の研修、傷害補償措置等々に関わる支援）といったことになるでしょう。

（以上）

著者略歴

井上和衛（いのうえ　かずえ）

1932年東京都生まれ。東京教育大学農学部卒業、博士（経営学）。
㈶労働科学研究所勤務・同社会科学研究部長、明治大学農学部教授・同農学部長を経て、現在、明治大学名誉教授、㈶都市農山漁村交流活性化機構理事、㈳全国農村青少年教育振興会理事、オーライ！　ニッポン会議運営委員。

[主な著書]

「農業『近代化』と農民」（労研出版部）、「農業労働科学入門」（編著者・筑波書房）、「農業労働災害補償」（共著・三省堂）、「日本型グリーン・ツーリズム」（共著・都市文化社）、「農村再生への視角」（筑波書房）、「高度成長期以後の農業・農村（上・下）」（筑波書房）、「条件不利地域農業～英国スコットランド農業と農村開発政策～」（筑波書房ブックレット）等。

筑波書房ブックレット㊺

教育ファーム

2010年2月1日　第1版第1刷発行

著　者　井上和衛
発行者　鶴見治彦
発行所　筑波書房
　　　　東京都新宿区神楽坂2－19 銀鈴会館
　　　　〒162－0825
　　　　電話03（3267）8599
　　　　郵便振替00150－3－39715
　　　　http://www.tsukuba-shobo.co.jp

定価は表紙に表示してあります

印刷／製本　平河工業社
ⓒKazue Inoue 2010 Printed in Japan
ISBN978-4-8119-0362-0 C0036